A

Monsieur BOUCHEREAU,

ANCIEN ADJOINT AU MAIRE DE BORDEAUX,
ANCIEN CONSEILLER DE PRÉFECTURE,
ANCIEN MEMBRE DU CONSEIL GÉNÉRAL DU DÉPARTEMENT
DE LA GIRONDE,
PROPRIÉTAIRE DU CHATEAU DE CARBONNIEUX,
CRÉATEUR D'UNE RICHE COLLECTION POUR L'ÉTUDE DE LA SYNONYMIE
DE LA VIGNE,
CHEVALIER DE L'ORDRE IMPÉRIAL DE LA LÉGION-D'HONNEUR.

Monsieur,

Lorsque je fus appelé, en 1837, a professer dans la Gironde le premier Cours d'Agriculture qui ait été institué dans les départements, vous voulûtes bien m'encourager, me donner d'excellents avis et me fournir de précieux documents. Depuis cette époque, et dans toutes les positions où vous vous êtes trouvé, j'ai toujours rencontré en vous les mêmes dispositions, le même appui, la même bienveillance.

Permettez-moi donc aujourd'hui, Monsieur, en proclamant ces faits et l'influence qu'ils ont exercée sur le succès de la difficile et honorable mission dont je suis chargé, de vous en témoigner toute ma reconnaissance, en vous faisant hommage du discours destiné à ouvrir le vingt-et-unième exercice de mon enseignement.

Je suis,

Monsieur,

Votre très-humble et très-obéissant serviteur,

AUG. PETIT-LAFITTE.

Bordeaux, le 9 Novembre 1858.

DÉPARTEMENT DE LA GIRONDE. — ENSEIGNEMENT AGRICOLE.
Professeur : M. AUG. PETIT-LAFITTE.

DISCOURS D'OUVERTURE

ET

PROGRAMME RAISONNÉ DE L'EXERCICE 1858-59.

LA RÉPUTATION DES VINS DE BORDEAUX
DANS LES TEMPS MODERNES.

> « Il en est de la réputation des vins, s'il est
> « permis de le dire, comme de celle des hommes.
> « Pour sortir de la foule où l'on reste ignoré,
> « il ne suffit pas d'avoir un mérite réel ; quel-
> « ques fois encore il faut des circonstances
> « favorables, ou un heureux hasard, qu'on ne
> « rencontre pas toujours. »
>
> (LEGRAND D'AUSSY : *Vie privée des Français*).

La réputation des vins de Bordeaux peut être appréciée à deux époques bien distinctes : dans l'antiquité et dans les temps modernes.

A cette première époque, il est peu de vins de la Gaule dont le renom ait été plus grand : les écrits d'Ausone, qui vivait au IVe siècle, sont là pour l'attester.

Tout le monde connait les vers que ce poëte a consacrés à exalter les charmes de Bordeaux ; tout le monde sait que les vins figurent au premier rang des avantages déjà offerts par cette grande cité. « O ma patrie ! si re-
« commandable par *l'excellence de vos vins*, par la beauté
« du fleuve qui baigne vos murs, par les grands hommes
« que vous avez produits, par l'esprit de vos habitants,

« par la douceur de leurs mœurs, et par la célébrité de
« votre sénat ; je me reproche depuis longtemps ce silence
« sacrilège qui m'a empêché jusqu'à ce jour de vous
« mettre au rang des premières villes du monde (1).

Tout le monde connaît également les autres passages du même auteur, dans lesquels il est encore fait mention de l'état prospère de la vigne en Aquitaine, dans ces temps reculés, et de la grande célébrité dont jouissaient ses vins. « Ainsi, dit-il en chantant la Moselle et après avoir rappelé les localités les plus fameuses par leurs

---

(1) Cet éloge de Bordeaux a trouvé, dans la cité même, deux hommes qui ont voulu le faire revivre, en le traduisant en vers français : M. Jouannet et M. le C.te de Peyronnet. On nous saura gré de consigner ici le passage de ces deux traductions, relatif à la partie que nous avons nous-même citée.

> Oui, je fus trop coupable, et mon silence impie
> T'offensa trop longtemps, ô ma noble patrie !
> Toi que chérit Bacchus, quand ses plus doux présents,
> Ton beau ciel, ton sénat, tes généreux enfants,
> Leurs mœurs et leur génie, aux filles de mémoire
> Entre tant de cités recommandaient ta gloire.
>
> (JOUANNET).

> J'accuse en rougissant, mon coupable silence.
> Quoi ! mon luth dédaigneux doute encore et balance !
> Et quand son nom si pur jette un éclat si grand,
> Je ne l'ai pas encore placée au premier rang !
> Qui m'arrête, ô ma ville ! ô ma belle patrie !
> Que Bacchus illustra, que Neptune a chérie ;
> Par tes fleuves fameuse, et fameuse encor plus
> Par tes généreux fils que la gloire a connus,
> Par tes faciles mœurs, par tes pieux usages,
> Ton peuple ingénieux, ton sénat et tes sages.
>
> (C.te DE PEYRONNET).

vignes, les coteaux du Gaurus et ceux du Ropé, le Pangée et la colline de l'Ismarus en Thrace, ainsi, dit-il, mes « vignobles se réfléchissent dans la blonde Garonne (1) ». Ainsi encore, ayant à vanter un autre produit, les huîtres de son pays; « Pour moi, dit-il, les plus précieuses sont « celles que nourrit l'Océan des Médules, ces huîtres de « Burdigala, que leur qualité merveilleuse fit admettre à « la table des Césars : qualité non moins vantée que l'ex- « cellence de notre vin (2).

Si notre intention était de nous arrêter en ce moment sur cette première époque comme nous avons dû le faire ailleurs (3), et de citer de nouveau les documents que nous avons pu recueillir sur la réputation des vins de Bordeaux aux temps anciens, nous aurions à enregistrer les noms de plusieurs auteurs également dignes de foi, également précis dans leurs assertions : Strabon, Euménius d'Autun, Salvien, Sidoine Apolinaire, Grégoire de Tours, l'Itinéraire d'Antonin, etc... etc... Mais tel n'est pas notre plan et ce dont nous comptons nous occuper ici, c'est uniquement de la réputation qu'ont eue les vins de Bordeaux dans leur propre pays et depuis le temps que la contrée qui les produit a fait partie, de fait ou de droit, du pays de France.

Or, nous devons l'avouer, à cette seconde époque la réputation des vins de Bordeaux a été bien loin de se montrer, dès le début et bien longtemps après, ce qu'elle avait été antérieurement et ce qu'elle devait être plus tard. Longtemps une sorte d'oubli presque général, longtemps des préférences exclusives, injustes, furent

---

(1) *La Moselle* : Idyle X.

(2) Ausone à Paulin : L. IX.

(3) Dans la notice historique qui précédera notre ouvrage : *La Vigne dans le Bordelais*.

le partage de nos produits viticoles et, comme on le verra ci-après, en France, dans le pays qu'ils devaient enrichir, dont ils devaient former l'élément essentiel du commerce, on finit par ne plus en user, par ne plus les connaître, par les ignorer complètement.

Il est vrai qu'en cela il y avait des causes dont il eût été bien difficile de s'affranchir alors et dont le temps, l'unité politique, les progrès de la vie sociale, l'augmentation et l'amélioration des voies de transport, etc... devaient à la longue faire justice.

Depuis l'époque fatale du mariage d'Eléonore de Guienne, fille du duc Guillaume IX, en 1152, avec le Comte d'Anjou, plus tard roi d'Angleterre sous le nom de Henry II; jusqu'à celle bien glorieuse, bien heureuse pour la France, où Charles VII, en 1451, réunit de nouveau la riche province de Guienne aux possessions de sa couronne, il s'écoula trois siècles durant lesquels des hostilités presques incessantes s'opposaient à l'introduction en France de vins de la Guienne; durant lesquels ces vins purent être considérés comme vins étrangers, purent être repoussés et complètement oubliés.

C'eût été, alors surtout où les esprits sentaient si vivement les motifs qui portaient les états à s'armer les uns contre les autres, où les démarcations que devait plus tard offrir l'Europe étaient encore mal comprises et mal établies; c'eût été montrer peu de patriotisme, dans la France proprement dite, que de rechercher les vins de la Guienne, les vins des Anglais.

D'un autre côté, le vin est essentiellement une denrée d'encombrement, une denrée dont le transport n'est possible que par eau, ou par des routes de terre comme il n'y en avait guère alors en France et comme il n'a été possible d'en établir, en quelque sorte, que de notre temps.

Ajoutons enfin que le luxe d'alors différait essentiellement, en ce qui touche à l'alimentation et particulièrement à la boisson, de celui d'aujourd'hui. Nos aïeux, on l'a répété souvent, mangeaient et buvaient bien surtout; c'est eux qui avaient inventé ce refrain bien connu et qui surtout savaient s'y conformer :

> Ne laisse jamais dans ta main
> Ton verre ni vide ni plein !

Mais, sous tous ces rapports cependant, ils étaient beaucoup moins cosmopolites que nous : les produits alimentaires du lieu leur suffisaient presque toujours, et le vin du crû répondait aussi, dans le plus grand nombre de cas, à toutes les exigences de leur estomac et de leur goût.

Enfin, comme la Capitale a de tous temps donné l'exemple, formé l'opinion, imposé le ton, pour ce qui est de la manière de vivre, pour ce qui est des perfectionnements et des embellissements à apporter à l'existence, disons encore que Bordeaux, à ces époques surtout, était extrêmement loin de la Capitale, loin de Paris. Des provinces entières l'en séparaient; des routes souvent interrompues, souvent peu sûres, établisssaient entre ces deux villes des communications dont pouvaient user les voyageurs alors en très-petit nombre, comparativement à celui d'aujourd'hui; mais dont il était beaucoup plus difficile, souvent même complètement impossible, à cause des lenteurs et des frais, de faire profiter des marchandises (1).

Peut-être aussi pourrions-nous faire mention, au même point de vue, des différences tranchées existant

---

(1) En 1783 encore et longtemps après, voici quelles étaient les relations de Bordeaux avec Paris et réciproquement. Il y avait

entre les Français du Nord et les Français du Midi, entre l'Ile-de-France et la Guienne, entre Paris et Bordeaux ; les races, les origines, les lois, les mœurs, les coutumes, les habitudes, tout, jusqu'au langage lui-même, différait ; tout tendait à établir entre les deux peuples des dissemblances profondes ; à faire régner entre eux la défiance, l'antipathie, la rivalité même.

Pourquoi, par exemple, aux yeux du Parisien, un Gascon a-t-il été si longtemps un homme vaniteux, fin, retors et dont il fallait se défier ? Pourquoi, à son tour, aux yeux du Gascon, le Parisien a-t-il si souvent passé pour un badaud, pour un homme facile à persuader et à surprendre ? N'y avait-il pas dans ces opinions, dans ces préjugés des masses, de part et d'autre, une sorte de tradition, une espèce de souvenance des sentiments auxquels nous faisons allusion ?

Certes, ces sentiments excités, entretenus par les guerres incessantes de la France et de l'Angleterre, au sujet du duché de Guienne, étaient bien plutôt de nature à porter les deux peuples à se quereller et à se battre qu'à boire et à trinquer ensemble.

Plus près de la Capitale, dans une province avec laquelle les rapports avaient pu être sinon plus amicaux, au moins plus directs, plus faciles, plus nombreux, dans la Bourgogne, existaient des vignobles d'une origine

---

deux services publics : celui de la *Diligence* ou *Turgotine*, celui du *Carrosse*.

« La *Diligence* ou *Turgotine* part de La Bastide le Jeudi et le Dimanche, à dix heures précises du matin ; elle arrive à Paris en *cinq jours et demi*....

« Le *Carrosse* part de Blaye pour Paris le Samedi matin, reste en route *quatorze jours* et arrive le Vendredi.... »

(*Almanach historique de la province de Guienne*).

ancienne et d'une réputation méritée. Dès longtemps, l'usage, le ton, la mode s'étaient prononcés pour le vin auquel les éloges en prose et en vers n'avaient pas manqué, non plus que les graves et solennelles discussions, pour savoir qui devait l'emporter de ce vin ou de son brillant rival, le vin de Champagne; pour savoir si l'on devait, oui ou non, s'en tenir à l'opinion émise en 1665 par la docte Faculté de Médecine : *Vinum belnense esse suavissimum et saluberrimum!* Enfin, le grand roi, et l'on verra par la suite tout ce qu'il y a de providentiel au point de vue œnologique, dans une circonstance de cette nature, Louis XIV avait été guéri par le vin de Bourgogne d'une affection grave, et qui l'avait d'abord *réduit dans un état d'affaissement déplorable et inquiétant* (1).

Dans un autre ordre de faits, une circonstance bien moins importante, en apparence, avait encore nui à la réputation des vins de Bordeaux. Nous voulons parler des noms divers sous lesquels ces vins étaient connus, selon leur origine particulière et surtout de celui de *vins de Graves*, qui fut longtemps à l'extérieur leur

---

(1) Une pièce conservée aux Archives départementales de la Côte-d'Or et se rattachant à la vente, comme propriété nationale, du *climat* ou *crû* de la *Romanée-Conti*, en 1802, relate ainsi cette importante circonstance : « Louis XIV, ayant été traité de « la fistule, fut réduit dans un état d'affaissement déplorable et in- « quiétant. Les médecins s'assemblèrent pour trouver les moyens « de ranimer ses forces. Ils furent d'avis que le remède le plus « efficace était de choisir les plus excellents vins vieux de la côte « de Nuits et de Beaune. On en fit emplète, le malade en fit « usage, et sa santé fut promptement rétablie. Celui de la *Romanée* « opérait, sans contredit, les plus grandes merveilles ».

(*Extrait de l'ouvrage de M. J. LAVALLE sur les grands vins de la Côte-d'Or*).

désignation la plus usitée. A ce dernier nom ne se rattachait nul souvenir de province ni de ville, et les consommateurs, pour aussi grande qu'eût été leur satisfaction, se seraient trouvés en général bien embarrassés s'il leur avait fallu assigner aux *vins de Graves* leur véritable origine.

Il est presque inutile de faire observer ici, surtout à cause des détails qui vont suivre, qu'à l'époque reculée dont il s'agit, les *vins de Graves* étaient, comme aujourd'hui du reste, les vins de la rive gauche de la Garonne, mais spécialement les vins des vignes situées immédiatement à l'entour de ville de Bordeaux : à Pessac, à Talence, à Bègles, et jusque dans l'enceinte même de la cité : les vins des Graves du Médoc, aujourd'hui les premiers et les plus renommés, n'étant venus que beaucoup plus tard.

Si donc nous trouvons, dans les écrits des cinq ou six derniers siècles antérieurs au XIXᵉ, quelques rares mentions de nos vins, ce sont toutes nos espèces en général qu'ils auront voulu désigner, qu'ils auront confondues, quand ils les auront qualifiées seulement de *vins de Bordeaux*, de *vins de Guienne*, de *vins de Gascogne*, comme le fait le poète Guillaume-le-Breton, dans le passage où il parle *de vaisseaux pleins d'un vin tel qu'en produisent la Gascogne et la Rochelle....*

Au contraire, ce sont les vins des Graves de Bordeaux, les vins de Bordeaux proprement dits, qu'ils auront voulu désigner, quand ils leur auront donné cette qualification de *vins de Graves*, tirée du sol qui les produit et dès longtemps usitée parmi nous.

Déjà cependant, dans un des fabliaux du XIᵉ ou du XIIᵉ siècle, la *Bataille des vins*, par Henry Dandeli (1), les

---

(1) Ce fabliau est une revue de presque tous les vins renommés que produisaient alors la France et les autres contrées de l'Europe ;

deux principales qualités et provenances de nos vins, les vins de Saint-Émilion ou *de Côtes*, les vins de Bordeaux ou *de Graves*, se trouvent mentionnées d'une manière assez distincte. D'abord, pour les premiers, dans la longue nomenclature des vins du Midi :

. . . . Vin de Provence,
De Montpellier et de Narbonne,
De Béziers et de Quarquassonne,
De Mossac et de *Saint-Mélyon*.

Puis, pour les seconds, dans la liste, beaucoup plus restreinte, des vins qui avaient mérité d'être distingués :

Angolème, *Bordiaus* et Saintes
Cil i firent bien lor empraintes (leur effet).

Un voyageur, venu à Bordeaux au commencement du XVIIe siècle, le hollandais Zinzerling, va nous faire voir encore qu'il était cependant quelques hommes, quelques

---

et voici par quelle fiction ingénieuse le poète procède à cette revue (c'est la traduction de ses vers) :

« Voulez-vous, Messieurs, entendre une histoire bien jolie?
« c'est celle qui arriva au gentil roi Philippe. Écoutez-moi :
« Ce prince, vous le savez, aimait le bon vin. Il l'appelait *l'ami*
« *de l'homme*; et, toutes les fois qu'il en rencontrait l'occasion,
« il ne manquait pas de renouveler l'amitié. Néanmoins, comme
« il ne voulait point prodiguer la sienne, et comme en tout on
« doit être prudent et sage, il entreprit un jour de faire un choix,
« et envoya par toute la terre chercher ce qu'offrait de meilleur
« les vignobles les plus renommés. Tous briguèrent avec empres-
« sement l'honneur de désaltérer le monarque. Chacun d'eux
« députa vers lui; et, des différents pays du monde, on vit arriver
« à sa table les vins les plus exquis. . . . .
« Il se trouvait en ce moment auprès du roi un prêtre anglais,
« son chapelain, mais cervelle un peu folle, qui, l'étole au cou,
« se chargea d'un examen préliminaire, etc..... »

étrangers, initiés aux particularités des vins de cette ville et aux distinctions qu'il convenait d'en faire. « Son vin généreux et excellent, dit-il, est très-célèbre, surtout le *vin de Graves*, mot dont Belleforest, quoique Gascon, n'a pas compris la signification. Ce nom vient d'un sable que les Gascons appellent *graves*, et les environs de Bordeaux sont sablonneux, selon Strabon (1), Il y a plusieurs sortes de vins qui ont chacun un nom différent, et l'on trouverait difficilement une ville en France qui exportât plus de vin que celle-ci, dans toutes les parties de l'Europe (2) ».

Les autres écrivains des XVIe et XVIIe siècles, assez peu nombreux d'ailleurs pour que nous puissions les citer et qui se sont occupés de nos vins, vont nous offrir, la plupart, cette confusion d'origines, de qualités et de noms déjà signalée.

D'abord, écoutons Jacques Goborry : « Les meilleurs vins de France, vous cognoissez comme moi, c'est à savoir celui de *Graves*, de Beaune, d'Ausserre, *Bourdeloys*, Rocheloys, d'Orléans, d'Anjou, et à l'entour de Paris il y en a pareillement de bonté exquise... (3) ».

Traversons aussi avec le héros du roman célèbre de Rabelais « un grand vignoble, fait de toute espèce de vignes, comme Falerne, Malvoisie, Muscadet, Taige, *Graves*, Corsique, Vierson, Nérac etc... (4) ».

Olivier de Serres, pour prouver qu'en fait de vins, « telles délicatesses ne se sont seulement arrêtées en

---

(1) « Dans la partie de l'Aquitaine que baigne l'Océan, le terrain « est, pour la plupart, maigre et sablonneux. Il ne produit guère « que du milet. » (Liv. IV).

(2) *Voyage en France*, 1617.

(3) *Devis de la Vigne.*

(4) *Pantagruel.*

Grèce, ni en Italie », cite, entr'autres vins français, les excellents vins de Nérac, d'Aunis, de *Graves*...., les friands vins clairets de *Bourdeaux*, de la Rouchelle, etc... (1).

Les vins de Graves sont aussi indiqués par Jacques Dufouilloux. « Cependant le sommélier doit venir avec trois bons chevaux, chargés d'instruments pour arrouser le gosier : comme coutretz, barraux, barrils, flacons et bouteilles, lesquelles doivent être pleines de bons vins d'Arbois, de Baulne, de Chalosse et de *Graves*... (2) ».

Un médecin du XVIe siècle qui exerça à Paris et à Caen et fut attaché au duc d'Anjou, frère de Charles IX, Julien Lepaulmier, dans un traité *De Vino et Pomaceo*, cite le Bordelais comme une contrée où l'on trouvait « des vins rouges et noirs accompagnés d'une grande douceur ». Lesquels vins cependant, fait-il observer plus bas « occasionnaient des obstructions et des humeurs ».

Un autre médecin du même siècle, mais celui-ci italien, André Baccio, parle aussi des vins de Bordeaux et rappelle que la mer a la propriété de les améliorer. Mais ce qui est assez singulier, c'est que cet auteur place à la tête de tous les vins de France, ceux des environs de Paris (3). C'est du reste ce qu'avait déjà fait Jacques Gohorry, en ajoutant, tant est excellente en toute choses l'assiette de la grande ville qui devait dominer un tel royaume !

« On ne doit pas, dit Hauteserre, oublier Bordeaux, abondant en excellent vin. Columelle, Pline, Isidore, appèlent ses raisins : *raisins de Bourges*, et vin de *Graves*

---

(1) *Théâtre d'Agriculture*, L. II, ch. V.
(2) *La Vénérie*, dédiée à Charles IX.
(3) *Traité des Vins* (en latin).

celui qui se récolte sur le territoire des Bituriges-Vivisques (1).

« Ce qu'on nomme pareillement *Pessac* à Bordeaux, dit à son tour Duchesne, petit village et paroisse, à une lieue de la ville, entre le Midi et l'Occident, c'est où Bertrand de Goût, archevêque de Bordeaux, et depuis pape sous le nom de Clément V, avait logis; où est encore aujourd'hui en nature une vigne plantée par lui, bien renommée au pays à cause d'un tel premier maître et du bon vin qu'elle porte, appelée *Vigne du Pape Clément* (2). Labruyère-Champier vante les vins de Toulouse, Bordeaux, Orléans et Angers. Philippe Jacq. Sachs, de Levenhain, loue la force de ceux de Meudon, Ruel et Argenteuil; il dit du bien des vins d'Anjou, compare

---

(1) *Rerum Aquitaniæ.*
(2) *Les antiquités.*

On peut faire remarquer encore que très-probablement il s'agit du même vin, dans ce passage du chap. IV, l. IV, du roman de Pantagruel : « Les filles furent bien apprises et à tous présentèrent « pleins hanats de *vin de Clémentin*, avec abondance de con- « fitures ».

Voici, sur la vigne du pape Clément des détails intéressants que nous trouvons dans le *Viographe bordelais*, page 366. « Dans « cette commune (Pessac), Bertrand de Gout, archevêque de Bor- « deaux, qui fut pape sous le nom de Clément V, possédait un « domaine qu'on appèle encore la *Vigne du pape Clément*. Il y « avait fait construire un beau château par Le Giotto, célèbre ar- « chitecte et peintre italien, le même qu'il employa ensuite pour « décorer Avignon. Lorsque ce pontife alla fixer sa résidence dans « cette ville, il donna son domaine de Pessac aux archevêques de « Bordeaux, qui l'ont possédé jusque dans ces derniers temps. Il « avait alors auprès de lui, en qualité de son médecin, Arnaud « de Villeneuve, homme autant renommé de son temps qu'il l'est « peu dans le nôtre, bien qu'on ait un gros volume de ses œuvres.

les vins du Poitou à ceux du Rhin et n'oublie ni ceux de Frontignan, ni ceux de *Graves*.

Pierre Gauthier, de Rouanne, médecin, dans un ouvrage publié en 1668, sous le titre : *Exercitationes hygiasticœ*, mentionne tous les vins de France alors en renom et qui sont, dit-il, ceux d'Orléans, de Bourgogne, de Gascogne *(Vasconiana)*, d'Anjou, de Champagne, des environs de Paris, et une quantité d'autres qui prennent leurs noms des cantons, des villes, des bourgs, des coteaux, etc.., etc...

Les vins de Gascogne, ajoute-t-il, sont ordinairement chargés, noirs, très-chauds, sans astraction *(sine astrictione calidissima sunt)* et ne portent point cependant à la tête comme ceux d'Orléans *(neque tamen ut aureliana vaporosa)*, ceux de *Graves (gravia, sive gravensia)*, près de Bordeaux, l'emportent sur tous les autres (1).

Enfin, selon le géographe Bleau : « Il n'y a aucune contrée en France aussi plantureuse en vins, ni qui en porte de meilleurs (que le Bordelais). Le vin de *Graves*

« Ce savant cultiva la chimie avec succès, et cette science le con-
« duisit à découvrir l'esprit de vin, certains vins médicinaux,
« l'huile de térébenthine et les eaux de senteur. Il est présumable
« qu'Arnaud de Villeneuve, pendant son séjour à l'archevêché,
« avait fait ses essais de chimie à Pessac, où abondaient les ma-
« tières premières des découvertes dont nous parlons. Quoi qu'il
« en soit, la *vigne du pape Clément*, pour l'honneur de laquelle
« le propriétaire actuel (1844) vient d'intenter et de gagner un
« procès, fut autrefois en grand renom dans le pays Bordelais.
« Elle avait donné naissance à ce vieux proverbe gascon :

Espous qué resteran chen sé facha d'un an
Daoü boun pape Clément la bigne gagneran !

(1) Traduction de M. Hallé, médecin, citée par M. Tessier; dans les *Annales de l'Agriculture française*, t. II, an VI.

est renommé surtout, il s'appèle ainsi pourvu que le terrain où il croît, le quel est aux faubourgs, n'est que sable et gravier; les vins de *Lormont* et de *la Bastide* sont aussi très-délicats (1) ».

D'après ce qui précède, on voit que nos vins étaient mentionnés en certaines occasions ; qu'en certaines occasions aussi ils avaient rencontré quelques connaisseurs, quelques appréciateurs dignes d'eux. Cependant il y avait bien loin de là encore à cette réputation, à cette vogue depuis longtemps le partage de ceux de Bourgogne et de Champagne, et, en réalité, on peut dire qu'en France le grand monde, le monde élégant et sensuel les ignorait encore, qu'il ne savait pas, qu'il ne soupçonnait pas le bien-être, les satisfactions, les jouissances qu'ils pouvaient lui procurer.

D'abord, dans ce monde, tout aussi exposé aux préjugés que l'autre, que celui qui a au moins pour excuse son défaut de relations et son ignorance, on se faisait l'idée qu'ils manquaient de finesse et de distinction, qu'ils étaient *durs* et *grossiers*; opinion qu'autorisait peut-être la grande consommation qu'en faisaient l'Angleterre et les autres nations du nord de l'Europe et aussi, cette autre circonstance bien connue et souvent mentionnée par les auteurs, que la mer avait la propriété de les dépouiller de leur rudesse et de les bonifier.

Cette opinion remontait bien haut et dura bien longtemps; car déjà on la trouve littéralement exprimée et comme un fait en quelque sorte du domaine public, dans une pièce de vers de la fin du XVIe siècle, œuvre de Simon du Rouzeau, d'Orléans, et intitulée : l'*Hercule Guépin ou l'hymne du vin d'Orléans* (2).

---

(1) *Théâtre du monde.*

(2) Cette pièce, dans laquelle se rencontrent quelques autres

> Çà, tirons en passant du gros vin de Bourgogne
> Un trait, puis nous irons voir son frère en Gascogne
> Buvons aussi un coup de celui de Gaillac :
> Il est aussi fameux que est cil de *Cadillac*.
> S'altérant d'Agenais, de *Grave* et *La Réolle*,
> Entre les vins gascons seront mis dans ce rolle (1).

Dans les deux siècles suivants encore, XVIIe et XVIIIe, nous retrouvons plusieurs exemples remarquables de la généralité et de la vivacité de cette opinion. Mme de Sévigné, avec toute l'autorité que lui donnait sa position et ses hautes relations avec la *cour et la ville*, ne craignait pas de dire, dans une de ses gracieuses lettres et en parlant d'un courtisan de l'époque, M. de Lavardin : « C'est un gros mérite qui ressemble au vin de Graves! »

---

mentions assez curieuses sur les vins, est fort rare. Nous n'avons pu en prendre connaissance qu'à Paris, à la bibliothèque impériale et encore dans un exemplaire où manquaient quelques feuillets Comme production littéraire, elle est immensément loin de valoir ce que semblerait faire présumer sa rareté.

(1) Il est vrai que l'auteur fait aussi le même reproche au *gros vin de Bourgogne*; mais ceci, c'est dans le but d'abaisser ces deux vins devant celui d'Orléans, pour lequel il réserve toutes ses louanges, et dont il dit, entre-autres choses :

> Descouvrons le plus beau des trésors de la France,
> D'Amaltée, estalons la corne d'abondance.
> Entre les plus précieux et les plus excellents,
> C'est le bon vin qui croît au terroir d'Orléans !

Il est vrai aussi qu'il y a un peu de différence entre cet éloge et ce que disait de ce même vin d'Orléans, environ un siècle plus tard, Hamilton :

> . . . . Le vin dont les dieux vont buvant,
> Auprès du vôtre en parallèle,
> Paraîtrait du vin d'Orléans.

Le P. Vanière, dans le poème latin *Prædium rusticum*, où il s'est montré le digne émule de Virgile, attache aussi au vin de Bordeaux l'épithète de rude, de ferme : *Firmus Burdigalæ* (1).

Enfin, un autre poète, français non-seulement de nation, mais aussi de langage, nous fournit un nouvel exemple de cette façon de penser et d'écrire :

> La Garonne étendant ses trésors sur les eaux,
> Voit l'Anglais empressé, sur de nombreux vaisseaux,
> Charger son *vin couvert* qui, dans un long voyage,
> Perd son *austérité* sur la liquide plage (2).

Nous avons dit que nos vins avaient été non-seulement méconnus, mais aussi, pour beaucoup de gens, complètement inconnus ; que longtemps on avait laissé les étrangers user seuls de cet admirable produit, de cette faveur providentielle. Nous avons dit encore qu'il en avait été ainsi particulièrement pour cette classe d'hommes en posession d'user de la vie et uniquement occupés de ce qui peut l'embellir et la charmer.

On remarquera d'abord, à l'appui de cette opinion, que dans sa troisième satire (3) :

> Quel sujet inconnu vous trouble et vous altère... ?

Boileau ne mentionne pas le vin de Bordeaux. Il est vrai

---

(1) Chant XIe.

(2) Rosset : *L'Agriculture*, chant IIe.

(3) L'une de celles qui, au dire de Voltaire, ne devaient pas parvenir jusqu'à nous. « Despréaux s'élevait au niveau de tant de « grands hommes, non point par ses premières *satires*: car les « regards de la postérité ne s'arrêteront point sur les *Embarras* « *de Paris* et sur les noms des Cassaigne et des Cottin.... »

(Siècle de Louis XIV).

qu'il n'en nomme qu'un comme vin de qualité, celui de l'Hermitage (1) et quant aux autres, l'Auvernat (2) et le Lignage (3), il n'enregistre leurs noms que pour faire voir combien, sur ce point comme sur tout le reste, le goût de son amphitryon était ridicule et dépravé.

Mais dans cette satire il est parlé d'un personnage, d'un hableur :

. . . . à la gueule affamée,
Qui vint à ce festin, conduit par la fumée,
Et qui s'est dit *Profés dans l'Ordre des coteaux*.

Or, il faut savoir qu'on désigna, pour la ridiculiser, sous le nom d'*Ordre des coteaux*, une réunion de trois grands seigneurs, disent les écrits du temps, tenant table et qui étaient partagés sur l'estime qu'on devait faire des vins des coteaux des environs de Reims : chacun de ces coteaux ayant ses partisans déclarés.

Dans ses notes sur Boileau, le père Bouhours dit à ce propos : « Je ne puis m'ôter de l'esprit, qu'on n'entendra pas un jour l'auteur des Satires dans la description de son festin. Je me suis même mis en tête, que les commentateurs se tourmenteront fort pour expliquer : *Profés*

---

(1) Tout le monde sait que le vin de l'Hermitage est un vin des coteaux du Rhône, dans le département de la Drôme.

(2) Dans une note des anciennes éditions de Boileau, on lit au sujet de ce vin : « Vin rouge et fumeux qui n'est bon à boire que dans l'arrière-saison. Ce vin croit aux environs d'Orléans. Il est fait de raisins noirs qu'on appelle du même nom, parce que le plant en est venu d'Auvergne ».

(3) La même édition dit au sujet du *Lignage* : « Vin moins fort en couleur, qui est fait avec toutes sorte de raisins. Les cabaretiers mêlent ces deux sortes ensemble pour faire leurs vins clairets et rosés de plusieurs couleurs. »

dans l'Ordre des Coteaux, et qu'on pourra bien le corriger en disant : *Profés dans l'Ordre de Citeaux;* par la raison que *l'Ordre des coteaux*, et ne se trouvera point dans l'histoire ecclésiastique, et que les gens de ce temps-là ne sauront pas que cet ordre n'était qu'une société de fins débauchés qui voulaient que le vin qu'ils buvaient fût d'un certain coteau, et qu'on les appelait pour cela les *coteaux* (1).

Quoi qu'il en soit des sollicitudes du père Bouhours à l'égard des poésies de Boileau, on voit encore que dans l'ordre des coteaux le vin de Bordeaux n'avait aucune place et qu'à cette époque, assez rapprochée cependant

---

(1) Ménage, dans son *Dictionnaire étymologique*, donne une autre explication de l'origine de l'*Ordre des coteaux*. Cependant, d'après Maizeaux dans de la *Vie de Saint-Evremond*, cet auteur se serait trompé et voici comment lui-même raconte les faits.

« La bonne chère dont on se piquait à la cour, se distinguait moins par la somptuosité et la magnificence, que par la délicatesse et la propreté. Tels étaient les repas du commandeur de Souvré, du comte d'Olonne, et de quelques autres seigneurs qui tenaient table. Il y avait entre-eux une espèce d'émulation, à qui ferait paraître un goût plus fin et plus délicat. M. de Lavardin évêque du Mans et cordon-bleu, s'était aussi mis sur les rangs. Un jour que M. de Saint-Evremont mangeait chez lui, cet évêque se prit à railler, sur sa délicatesse et sur celle du comte d'Olonne et du marquis de Bois-Dauphin. Ces Messieurs, dit le prélat, outrent tout à force de vouloir raffiner sur tout. Ils ne mangent que du veau de rivière : il faut que leurs perdrix viennent d'Auvergne: que leurs lapins soient de la Roche-Guyon ou de Versine. Ils ne sont pas moins difficiles sur le fruit; et pour le vin, ils n'en sauraient boire que des trois coteaux d'Aï, de Haut-Villiers et d'Avenay. M. de Saint-Evremond ne manqua pas de faire part à ses amis de cette conversation; et ils répétèrent si souvent ce qu'il avait dit des *coteaux* et en plaisantèrent en tant d'occasions, qu'on les appela les *trois coteaux* ».

de celle où nous vivons, les propagateurs et les serviteurs de la mode tout à la fois, n'auraient pas osé, de bien s'en faut, mettre les coteaux de la Garonne en parallèle avec ceux des environs de Reims. C'eût été en conscience trop de hardiesse et trop d'imprudence de leur part.

En second lieu et comme preuve encore plus démonstrative du peu de réputation de nos vignes et de nos vins aux temps dont nous nous occupons, nous citerons l'omission complète de ces premières et de leur mode de culture, dans plusieurs traités d'Agriculture et autres dignes de l'estime qu'on leur accordait alors et considérés d'ailleurs comme tout-à-fait complets.

Dans son ouvrage si attachant, si profondément religieux du *Spectacle de la nature*, le docte abbé Pluche n'omet aucune circonstance de la culture de la vigne; mais jamais il ne mentionne celle particulière au Bordelais et quand il arrive à l'éloge du vin, ce sont ceux de Bourgogne et de Champagne inclusivement qui servent de texte à tout ce qu'il dit à la louange de cette liqueur généreuse.

Au reste, en agissant ainsi, cet auteur ne faisait que se conformer aux opinions de son temps, qui ne connaissait, nous l'avons déjà dit, que ces deux sortes de vins et qui en était venu, nous l'avons également mentionné, au point d'offrir les luttes, les plus passionnées entre les partisans du Bourgogne et ceux du Champagne : comme plus tard on devait en voir de semblables, entre les partisans de la musique de Gluck et les partisans de de la musique de Piccini. « Mais comme le disait encore l'auteur du *Spectacle de la nature*, les combats des *bourguignons* et des *champenois* n'étaient point dangereux. Il était même très-commun de voir ceux d'un parti entretenir des intelligences dans l'autre. On se rapprochait souvent sans peine : il arrivait rarement que ceux qui avaient tenu bon pour le Bourgogne dans le commencement du repas, se réconciliassent avec le Champagne dès avant le dessert (1).

Dans la *Nouvelle Maison rustique*, etc., ouvrage publié vers le commencement du siècle dernier et arrivé à sa dixième édition en 1775, Liger, expose avec soin les différentes manières de faire le vin dans les vignobles de la Bourgogne, de la Champagne et de l'Orléanais; mais il se tait également sur ces mêmes usages, en ce qui touche au Bordelais ou autres contrées viticoles du midi de la France. On comprendra, du reste, de quelle nature étaient les motifs du silence à notre égard d'un auteur qui avait cependant la prétention d'être complet, par ces mots : « Je me suis attaché à ces trois pays de vignoble, Orléans, Champagne et Bourgogne, afin que l'on ait ce qu'il y a de meilleur en ce genre (2) ». Mettre parmi les meilleurs vignobles de la France ceux de Champagne et ceux de Bourgogne nous le comprenons, mais joindre à cette liste et en première ligne ceux d'Orléans, pour nous Bordelais, c'est plus qu'un oubli, c'est une véritable humiliation!

Cependant, voici qui est encore plus étonnant, ou si l'on veut, plus humiliant. Il y a à peine un siècle, en 1752, Bidet auteur champenois publia à Paris un ouvrage intitulé : *Traité sur la nature et sur la culture de la Vigne, etc.* Plus tard, en 1759, le même auteur donna une seconde édition de son livre, revu par Duhamel du Monceau. Dans la préface en tête de cette seconde édition, sont mentionnés avec soin, et la liste en est longue, les vignobles dont on s'occupera : ce sont ceux de la Bourgogne, du Dauphiné, du Languedoc, de la Provence,

---

(1) Tome II, p. 379.
(2) Tome II. 3ᵉ partie, liv. 6, ch. 1.

de l'Auxerois, de l'Auvergne, de l'Anjou, du Berry, de l'Orléanais, de l'Ile-de-France, de la Franche-Comté, de la Lorraine, du Pays du Rhin, de la Champagne.... ceux du Bordelais n'y sont pas nommés. Néanmoins, hâtons-nous de le dire, il est très-souvent question de ces derniers vignobles dans le cours de l'ouvrage, grâce à un mémoire très-bien fait, transmis à l'auteur par un Bordelais (1) et dont il cite souvent de longs extraits.

Voici quels avaient été pour nous les résultats de trois siècles passés sous une administration, non-seulement étrangère, mais presque constamment hostile à la France. Nos produits étaient restés inconnus à cette France, surtout à la cité, centre principal de l'action, du mouvement, de l'énergie qui ont dès longtemps placé notre pays à la tête de la civilisation de l'Europe.

« La majeure partie des vins recueillis dans le territoire Bordelais, dit Dussieu en traitant du même sujet (2), ayant été pendant plusieurs siècles, étant encore de nos jours, plus tôt un objet de commerce extérieur très-important que de consommation intérieure, il n'est pas surprenant que nos écrivains, desquels ils étaient en général peu connus, n'en aient parlé que d'une manière très-succincte et, pour ainsi dire, en passant ».

Mais ici encore, et pour être justes, ajoutons que nos vins les plus précieux, nos vins aujourd'hui les plus en réputation et les plus recherchés, nos vins de Médoc, étaient, encore au commencement du XVIIe siècle, d'origine bien récente ; qu'à cette époque encore, même parmi nous, ils étaient loin d'avoir complètement triomphé et de leur nouveauté et de leur *indigénéité* : deux circons-

---

(1) M. de Navarre, conseiller à la Cour des Aides et membre de l'Académie des Sciences de Bordeaux.

(2) Dans l'article *Vigne* du *Cours complet d'Agriculture* de l'abbé Rozier, t. X. p. 118. année 1800.

tances, la dernière surtout, aussi redoutables pour les choses que pour les hommes.

Ce serait effectivement grandement se tromper que de se figurer qu'Ausone, dans les paroles ci-dessus rapportées, avait en vue les vins de Médoc. Non-seulement il ne pouvait en être ainsi, puisque ces vins n'existaient pas encore, mais en outre on a dû remarquer qu'aucun des auteurs déjà cités quoique beaucoup plus modernes, n'en avaient fait mention et que ce qu'ils entendaient *par vins de Graves*, c'était comme nous l'avons fait observer, les produits des terres de cette nature les plus rapprochées de Bordeaux.

D'abord, cette langue de terre renfermée entre les marais de la Gironde et les sables des Landes, ce diluvium caillouteux qui commence à Blanquefort et finit vers Lesparre (1), dut être bien longtemps soumis aux influences de voisins si peu civilisateurs de leur nature. D'une part, l'aridité, la solitude, l'isolement; de l'autre, la difficulté d'aborder, la permanence de la boue, le danger d'émanations pestilentielles : certes il y avait là des causes puissantes, pour une terre d'ailleurs si pauvre, si crue par elle-même, de rester longtemps dans l'oubli, dans l'abandon, dans le pur état de nature.

---

(1) On donne effectivement le nom de Médoc, œnologiquement parlant, à cette portion du diluvium girondin qui s'étend de la commune de Blanquefort jusque et au delà de Lesparre et que resserrent dans toute sa longeur, parallèlement à la Garonne et à la Gironde, d'un coté à l'est, les marais de ces deux cours d'eau, et de l'autre, à l'ouest, les landes. L'étendue de cette langue de terre est d'environ 5 myriamètres, et sa longeur moyenne de 2 kilomètres.

Le Médoc, toujours au même point de vue, admet trois divisions principales: Le *Haut-Médoc*, le *Bas-Médoc* et le *Derrière du Médoc*. C'est le Haut-Médoc surtout qui renferme les premiers crûs et donne les grands vins.

Il paraît effectivement qu'elle était complètement encore dans cet état, en 1593 : « Époque à laquelle Etienne Laboëtie, natif de Sarlat, conseiller au Parlement de Bordeaux et ami intime du célèbre Michel de Montaigne, avait fait imprimer, chez Millanges (1), une description historique de la contrée du Médoc, que ce savant qualifiait de *pays solitaire et sauvage.* »

Il paraît aussi qu'il en était de même au temps où Duchesne écrivait *ses Antiquités,* c'est-à-dire environ un demi-siècle plus tard. Cet historien y parle du Médoc, mais sans mentionner les vignes qui ne s'y trouvaient pas encore ; au temps où Louvet donnait au public son *Histoire d'Aquitaine,* dans laquelle il présentait le Médoc comme entièrement couvert de forêts et d'ailleurs stérile ; au temps enfin, où le géographe Bleau déjà cité, disait en parlant de cette contrée : « Le Médoc comprend tout ce qu'il y a de terre entre Bordeaux, l'Océan et la Garonne : tout ce territoire presque n'est que sable. » Aidée en cette circonstance comme plus anciennement tant d'autres parties de la France, par les efforts intelligents et les exemples soutenus des différentes corporations religieuses, dès longtemps établies dans cette contrée abandonnée et réputée inhabitable (2); par l'abbaye de St-Pierre-de-l'Ile, commune d'Ordonac, de l'Ordre de S. Augustin; par celle de St-Pierre de Verteuil, commune du même nom et du même Ordre ; par le prieuré de Cantenac, situé au milieu d'un territoire d'abord tellement pauvre que, dans le courant du XVIIe siècle,

---

(1) Abbé Beaurein; *Variétés bordelaises,* T. 4 p. 253.

(2) « Les moines se livrèrent au défrichement des terres avec un zèle et une intelligence dont on a, depuis toujours, ressenti les effets.

(TESSIER).

« l'abbé et les religieux de Verteuil, gros décimateurs de cette paroisse, préférèrent d'abandonner au prieur la totalité de la dîme plutôt que de lui payer la portion congrue, fixée par la déclaration du Roi de l'année 1686 »; mais plus tard, enrichi par ses vins et l'un des premiers sans doute à s'affranchir de la protection que le Médoc était obligé d'implorer du Bourgeais. Cette protection, voici en quels termes la mentionne l'abbé Beaurein : « Nos vins de Graves, autrefois si renommés, ont cédé cet honneur à ceux du Médoc, quoique d'ailleurs ils n'aient rien perdu de leur ancienne bonté. Les vins de Bourg étaient si estimés dans le siècle dernier (XVIIe) que les particuliers, qui possédaient des biens dans le Bourgeais et dans le Médoc, ne vendaient leurs vins de Bourg, qu'à condition qu'on leur achetterait en même temps ceux du Médoc : c'est un fait que bien des personnes ont ouï dire à ceux qui nous ont devancés (1). «

Si nous avions à faire ici, comme nous comptons l'essayer ailleurs, l'histoire complète du Médoc, nous insisterions sur plusieurs autres particularités curieuses de sa transformation agricole. Ainsi, à propos du prieuré de Cantenac, nous dirions que longtemps cet établissement religieux fut le centre du commerce des vins de la contrée, l'occasion des relations intéressées et intéressantes de cette même contrée avec Bordeaux.

Situé sur le bord du chemin, alors à peine tracé, qui conduit de cette dernière ville dans le Bas-Médoc, en côtoyant la rivière, le prieuré de Cantenac tenait toujours à la disposition des étrangers, des lits et une table hospitalière. Aussi chaque soir, les propriétaires du voisinage, précédés par leurs valets portant des fallots, se rendaient-ils au prieuré, pour y passer quelques mo-

---

(1) *Variétés Bordelaises* : T. 2. p. 233.

ments agréables, apprendre des nouvelles, traiter avec des courtiers de Bordeaux qu'ils étaient bien sûrs d'y rencontrer.

Nous pourrions aussi parler de quelques-uns de ces créateurs des crûs renommés, de ces pionniers de la vigne dont les travaux et l'originalité se sont conservés dans la tradition du pays. M. Gruau-Larose, qui arborait sur sa tour, selon qu'il avait fait du vin fort ou faible, Anglais ou Hollandais, le drapeau de l'une ou de l'autre de ces nations; qui annonçait le prix invariable de ses vins du haut d'un des bancs de la Bourse; et qui, un jour, où on avait osé lui en offrir un chiffre avilissant à ses yeux, les fesait conduire sur des charrettes pour les jeter à la rivière (1).

M. le président de Ségur, tout à la fois propriétaire de *Lafite*, de *Latour* et de *Calon* et justement vaniteux de si belles possessions, quoiqu'elles fussent loin encore de ce qu'elles valent aujourd'hui (2). Ce seigneur, à la cour,

---

(1) Nous tenons ces particularités tout-à-fait conformes au caractère prêté à M. Gruau-Larose, de l'honorable M. de Chauvet, ancien maire de Pauillac. Nous nous rappelons également, et on nous permettra sans doute la consignation de ce fait, avoir bu chez lui, dans la même circonstance, du vin de la célèbre année 1784: l'une des plus grandes années qu'ait compté le Médoc, la dernière même au dire de personnes tout-à-fait compétentes en cette matière, qui ait mérité une telle qualification.

(2) Il n'est pas douteux, en effet, que depuis l'époque reculée dont il s'agit, ces trois propriétés n'aient acquis une valeur qu'elles n'avaient pas alors. Ainsi, en nous basant sur les dernières ventes qui en ont été faites, nous trouvons pour chiffre de cette valeur :

    Vente de Lafite, en 1821. . . . . F. 1,000,000
    Vente de Calon, en 1825. 600,000
    Licitation de Latour, en 1838. 1,500,000

où il se distinguait par un habit dont chaque bouton était un caillou du Médoc simulant le diamant, avait reçu le surnom pompeux de *Prince des Vignes*.

Tout cela témoignait sans doute d'une réputation, sinon déjà complètement établie, au moins en progrès. Or, cette réputation, il est plus que probable qu'on l'eût attendue longtemps encore, sans l'occasion fortuite, sans l'homme prédestiné qui devaient y donner lieu :

> Enfin *Richelieu* vint, et, le premier en France,
> . . . .
> D'un *vin* mis en sa place enseigna le pouvoir
> Et réduisit la *mode* aux règles du devoir.

Effectivement, c'est au grand seigneur, au Duc tant renommé par ses aventures galantes, c'est au guerrier qui contribua au gain de la bataille de Fontenoy et emporta d'assaut la ville de Mahon ; c'est au maréchal de France, au favori de Louis XV, au gouverneur et lieutenant-général pour le roi de la province de Guienne, qu'était réservée la gloire de mettre en réputation le vin de Bordeaux ; de lui ouvrir les portes de la Cour, et, par suite, celles de tous les protégés de la naissance, des honneurs et de la fortune ; d'élever enfin ce merveilleux produit dans l'estime publique, à la hauteur de ses dignes rivaux : le Bourgogne et le Champagne.

On était parvenu au règne de Louis XV, la célèbre bataille de Fontenoy avait été donnée (1745), le siége de Mahon avait eu lieu (1755), et l'homme à qui l'on devait le succès de ces deux grandes entreprises, le maréchal de Richelieu jouissait, autant pour ce motif que pour bien d'autres, de toute la confiance du roi. Mme de Pompadour, qu'enivrait aussi une faveur sans bornes, pensa pouvoir en profiter pour soustraire ses enfants par des alliances distinguées, à la triste condition que leur faisait son titre avoué de maîtresse du roi. Elle osa concevoir le projet d'unir sa fille, Mlle Lenormand, au fils du vieux guerrier, à M. le duc de Fronsac.

S'il faut s'en rapporter aux mémoires du temps, voici la réponse aussi spirituelle que pleine de malice et de hauteur que fit Richelieu à cette étrange proposition : « C'est une alliance, Madame, qui nous ferait beaucoup d'honneur; mais comme mon fils a celui d'appartenir, par sa mère, à la maison royale de Lorraine, il faudra que j'en écrive à l'Empereur, aîné des princes lorrains; je crois bien qu'il ne demandera pas mieux (1) ».

Dès cet instant, il y eut lutte entre les deux grandes influences qui agissaient sur le roi, et Mme de Pompadour l'ayant emporté, le duc de Richelieu, déjà nommé le 30 septembre 1755, gouverneur de la province de Guienne, reçut l'ordre d'aller prendre possession de son gouvernement.

Les écrits du temps, et, entre autres, les registres de l'ancienne municipalité bordelaise, relatent avec le plus grand soin les détails de la réception, on peut dire royale, qui fut faite à Bordeaux, le dimanche 4 Juin 1758, au nouveau gouverneur de la province, au héros de deux combats célèbres, au grand seigneur dont on connaissait le crédit et dont on espérait tirer parti pour les intérêts de la province. Le défilé du cortége qui alla le recevoir à la porte du Cailleau (porte du Palais), pour le conduire à l'hôtel du Gouvernement, par la place du Palais, les rues de la Chapelle-Saint-Jean et de la Rous-

---

(1) *Souvenirs de la marquise de Créquy.*
Voici quelle était la parenté à laquelle faisait allusion le duc de Richelieu. Il avait épousé en secondes noces, le 7 avril 1734, Mlle de Guise, princesse de Lorraine, et c'est de ce mariage qu'était né le duc de Fronsac.

selle, les fossés Bourgogne, des Salinières, Saint-Éloy, de l'Hôtel-de-Ville, des Grands-Carmes, des Tanneurs, les rues des Lois, Porte-Basse, Saint-André, la place Saint-André, les rues Beaubedat, du Temple et Porte-Dijeaux, dura quatre heures. « Suivant l'usage, les rues par lesquelles le seigneur a passé étaient bordées d'une double haie de troupes bourgeoises, et, pendant la marche, il a toujours eu son chapeau à la main, saluant de la façon du monde la plus polie et la plus gracieuse, les dames qui étaient aux fenêtres et sur des gradins qui avaient été élevés au devant de plusieurs maisons (1). »

---

(1) *Registres de l'Hôtel-de-Ville.*

C'est à Blaye, le samedi 3 Juin, qu'allèrent le joindre MM. Pynel et Quin, jurats, et M. Chavaille, secrétaire de la ville. Ces députés furent obligés, à cause du gros temps, de débarquer à la Roque de Teau. Le lendemain on partit pour Bordeaux, à midi, après avoir entendu la messe à l'église des Minimes. *La maison navale* qui portait le maréchal, était décorée de la manière la plus somptueuse ; elle était remorquée par quatre chaloupes, dirigées chacune par un pilote et vingt rameurs vêtus d'une casaque rouge bordée de blanc, avec des bonnets de même couleur. A 3 heures, on arriva à Bordeaux. *Selon l'usage* la *Maison navale* fut conduite jusqu'à la porte Sainte-Croix, puis, ramenée vis-à-vis la porte du Cailleau. Les Jurats, en grande tenue, attendaient le gouverneur sur un pont roulant, conduisant de la *Maison navale* aux marches du pavillon, ou *tribune* ou *harangues*, dressé pour la réception.

Cette *tribune aux harangues*, œuvre de M. Bonfin, architecte, avait une hauteur totale de 64 pieds 6 pouces ($20^m 94$). « Elle était
» surmontée d'une statue d'une belle forme et d'une attitude gra-
» cieuse de 10 pieds ($3^m 24$) de proportion, sous les habits d'un
» Mars conquérant, appuyé sur un bouclier, ayant à son côté gau-
» che un génie tenant deux couronnes : une de laurier et *l'autre de*
» *myrthe.* »

A la porte du Cailleau, il y avait un arc de triomphe de 56 pieds 6 pouces ($18^m 34$) de hauteur; à la Porte-Basse, un autre de 36 pieds de hauteur ($11^m 68$).

Après les harangues des divers corps constitués, le cortège se

Chose surprenante ! il est resté fort peu de documents sur le séjour du maréchal de Richelieu à Bordeaux. On sait qu'il y attacha son nom à quelques grandes entreprises, entre autres à la construction du Grand-Théâtre : la bonté du roi, ayant bien voulu accorder aux sollicitations du vainqueur de Mahon un terrain pour la construction de cet édifice (1). On sait qu'il y déploya un luxe

---

mit en marche. « MM. les Jurats, portant un très-riche poêle garni
» d'un étoffe de brocard d'or bordé en galon et crépines d'or, le
» devant doublé d'une moire en argent au milieu duquel était brodé
» très-richement l'écusson aux armes de Monseigneur le maréchal.
» Les six bâtons qui supportaient ce poêle étaient garnis d'un
» ruban de moire en argent, lequel ayant été présenté à Monsei-
» gneur le gouverneur, il consentit que MM. les Jurats le portas-
» sent devant lui et était monté sur un beau et magnifique cheval
» richement *enharnaché*, la marche a commencé, etc... ».

A Saint-André, on entra par la porte royale, le gouverneur y fut reçu par le Chapitre et harangué par l'abbé Basterot, doyen ; il y prêta le serment d'usage, assista au chant du *Te Deum*, et le cortège reprit son cours.

Une semblable réception eut lieu l'année suivante dans la ville d'Agen, et sans doute aussi dans toutes les autres villes du gouvernement de Guienne. « Le duc de Richelieu, dit M. de Saint-
» Amans, avant de relater cette réception, gouverneur de la pro-
» vince, où des intrigues de Cour l'avaient relégué, y exerçait
» impunément un empire absolu, au point que Voltaire, son ami,
» et qui se moquait de tout, lui adressait ses lettres *dans son*
» *royaume d'Aquitaine*. » (*Histoire du département de Lot-et-Garonne*, t. II. p. 168). Ce qu'il y eut de plus remarquable dans cette dernière réception, faite le 14 Septembre 1759, c'est bien le compliment qu'adressa l'évêque d'Agen, Monseigneur de Chabannes, au maréchal, à la porte de l'église. *M. le duc*, dit le prélat, *je vous souhaite autant de bonheur et de gloire dans le ciel que vous en avez sur la terre !*

(1) Mémoires du temps.

sans exemple, qu'il y fut en guerre ouverte avec le maire, le vicomte de Noé, avec le Parlement et avec grand nombre de dignitaires de la localité. On sait aussi qu'il y éprouva de graves désagréments, surtout ceux qu'entraîna pour lui, pour son honneur, pour son crédit, pour sa dignité, sa fameuse affaire avec une dame de Saint-Vincent; accusée d'avoir mis en circulation pour plusieurs centaines de mille francs de billets portant la signature vraie ou fausse du maréchal.

Quant à la manière dont il y vécut, aux habitudes, aux mœurs qu'il y afficha, on aura une idée de tout cela par les extraits suivants de l'ouvrage qui rend compte de sa vie privée. « Quelques jours après son arrivée à Bordeaux, il donna, dans son jardin, un souper de quatre cents couverts où toutes les jolies femmes étaient réunies à la noblesse et à la robe... Tel fut Richelieu à Bordeaux. Dans les premiers temps, ce ne furent que fêtes et plaisirs; il donnait presque tous les soirs des soupers de cent couverts. Il était ordinairement seul d'homme à une table, entouré de vingt-neuf jolies femmes. Il était galant avec toutes, leur adressait quelques mots agréables; et, s'il en préférait une, il cachait avec tant d'art son choix, qu'il ne pouvait donner de jalousie aux autres.... Son hôtel devint presque un lieu que la pudeur n'osait plus approcher sans rougir (1)! »

Pour ajouter à ce qu'ont déjà d'extraordinaire les citations qu'on vient de lire, faisons remarquer qu'à son arrivée à Bordeaux, en 1758, le maréchal, né en 1696, avait déjà l'âge de soixante-deux ans, et qu'il avait été marié deux fois. Il est vrai que nul mieux que lui ne savait user de toutes les ressources propres à déguiser la

---

(1) *Vie privée du maréchal de Richelieu*, par Faur, t. 2, ch. XI.

vieillesse, que nul surtout n'employait pour cela plus de préparations et de parfums de toutes les espèces (1). Voltaire, son ami, disait de lui :

> On doit, quand Richelieu paraît dans une chambre,
> Bien défendre son cœur, et bien boucher son nez.

Parmi les hommes fréquentant assidûment l'hôtel du gouverneur, prenant part à ses fêtes et à tous les divertissements qui s'y succédaient, il en était un surtout que ses manières, ses goûts, ses habitudes devaient rendre cher à Richelieu : cet homme, c'était Alexandre-Antoine de Gasq, conseiller au Parlement, grand propriétaire dans le pays (2).

M. de Gasq devint effectivement l'ami intime du maréchal. Il le voyait tous les jours, le recevait chez lui et ne manquait pas, circonstance essentielle à notre récit, de lui servir et de lui vanter les vins qu'il récoltait, notamment ceux de la commune de Cantenac en Médoc, du crû alors connu sous le nom de *Gasq*, et plus tard, sous celui de *Palmer*.

On sait combien l'on est disposé à louer le vin d'un

---

(1) Cet usage des parfums et des essences était poussé tellement loin chez Richelieu, qu'à sa mort, survenue à Paris le 8 Août 1788, après un troisième mariage, l'ambassadeur de Venise qui prit son hôtel, ne put l'habiter qu'après y avoir fait parquer un troupeau de moutons, pour lui enlever les odeurs diverses dont il était imprégné. *(Mémoires du temps).*

(2) Lors de la dislocation du Parlement, en 1771, de l'exil des membres qui ne voulurent pas se soumettre aux ordres du ministre Maupeou, le maréchal de Richelieu, exécuteur de ses ordres, fit nommer pour présider la nouvelle compagnie, à la place de M. Leberton, son ami de Gasq. Ce dernier conserva ce poste élevé jusqu'en 1775, époque à laquelle Louis XVI réintégra l'ancienne magistrature.

amphitryon. A cet égard, les possesseurs de crûs distingués sont exposés aux dangers des riches et des puissants : ils ont des flatteurs capables d'exagérer les mérites de leur vin et de les tromper. Sans doute, et l'expérience l'a bien prouvé, ce n'était précisement pas le cas de M. de Gasq ; cependant, il n'est pas moins vrai que ce sont les largesses qu'il faisait de son vin, que ce sont les éloges si non exagérés au moins répétés que lui accordait le maréchal de Richelieu, qui établirent la réputation du crû de *Gasq* (1), celle du vin du Médoc, en général celle du vin de Bordeaux.

(1) Le crû de *Gasq*, de *Palmer* ou du *château de Palmer*, dont nous représentons ici une vue de la portion des bâtiments donnant sur la route de Bordeaux à Pauillac et Lesparre, se trouve compris dans la troisième classe des vins de Médoc. Ce crû que le major Palmer possédait pour l'avoir, disent les titres de propriété, acquis par différents lots de divers propriétaires et *notamment de Madame Marie Brunet de Ferrière, veuve de M. Blaise Jean Alexandre de Gasq*, était devenu la propriété, en 1844 et le 29 Février, de la Compagnie anonyme, dite *Caisse Hypothécaire*. Le 17 Mai 1853, cette Compagnie l'a vendu à M. Émile Péraire.

Aujourd'hui un élégant et véritable château, édifié dans le style gothique, remplace les constructions représentées par notre cliché

Maintenant, voici comment cette réputation se glissa à la Cour, pour de là, grandir, se propager et faire son chemin dans le monde.

Un jour, Louis XV disait à Richelieu : « Monsieur le gouverneur de Septimanie, d'Aquitaine et de Novempopulanie, parlez-moi donc d'une chose ? Est-ce qu'on récolte du *vin potable* en Bordelais ? — Sire, il y a des crûs du pays dont le vin n'est pas mauvais. — Mais, qu'est-ce à dire ? — Il y a, ce qu'ils appellent, du blanc de Sauternes, qui ne vaut pas celui de Montrachet, ni ceux des petits coteaux bourguignons, à beaucoup près, mais qui n'est pourtant pas de la petite bierre. Il y a aussi un certain vin de *Graves* qui sent la pierre à fusil comme une vieille carabine, et qui ressemble au vin de *Mazelle*, mais il se garde mieux. Ils ont, en outre, dans le Médoc et *surtout du côté du Bazadais*, deux ou trois espèces de vins rouges dont les gens de Bordeaux font des gasconnades à mourir de rire. Ce serait la meilleure boisson de la terre et du

---

et que nous eûmes l'occasion de dessiner peu de temps avant leur démolition.

On lit encore dans le *Producteur* (1838, p. 199), la mention suivante au sujet du crû de *Palmer*. « ..... Ce vignoble est aujourd'hui parfaitement agencé ; il possède le domaine de *Gasq*, dont les vins étaient anciennement appréciés à la Cour de France..... »

Enfin, dans son poème, *Les grands vins de Bordeaux*, M. Biarnez dit encore, en parlant de *Palmer* et de l'état d'abandon où l'avaient trop longtemps plongé des propriétaires insouciants de son ancienne renommée :

> Palmer, qui, dirigé par une main indigne,
> Commençait à pâlir malgré sa noble vigne ;
> Un mélange odieux de mauvais paysans
> L'avait fait reléguer au rang des artisans ;
> Mais, par une autre main dégagé de son voile,
> Nous reverrons briller son ancienne étoile.

nectar pour les Dieux, à les entendre, et ce n'est pourtant pas là du vin de Haut-Bourgogne, ou du vin du Rhône assurément? Ça n'est pas bien généreux ni bien vigoureux, mais il y a du bouquet, pas mal ; et puis, je ne sais quelle sorte de mordant, sombre et sournois qui n'est pas désagréable. Du reste, on en boirait bien autant qu'on voudrait, il endort son monde, et puis, voilà tout. C'est là ce que j'y trouve de mieux.

» Pour satisfaire la juste curiosité du roi, M. de Richelieu fit venir du vin de *Chateau-Lafite* à Versailles, où S. M. le trouva *passable*. On n'aurait jamais imaginé jusque-là qu'on pût faire donner du vin de Bordeaux à ses convives, à moins qu'ils ne fussent des Bordelois-Soulois, des Armagnacots, des Astaracquois et autres gascons. Voyez comment les goûts changent et dites-moi, etc... (1). »

Il y a bien dans ce qu'on vient de lire des invraisemblances, des faits inexacts mêmes, mais au fond, ce récit n'a rien qu'on ne puisse admettre dans l'ensemble. Louis XV est vieux, il a usé et abusé de tout, il serait heureux de découvrir quelque chose qui pourrait lui procurer une satisfaction nouvelle et qu'il n'espère plus ; il se hasarde d'entretenir son favori du vin que l'on récolte dans son gouvernement et dont il suppose qu'il a dû prendre ample connaissance. Celui-ci, courtisan habile, fait une réponse par laquelle, tout en avouant ce qu'il sait, ce dont il s'est convaincu lui-même, il cherche à ménager cependant et les opinions du roi, à l'endroit dont il s'agit, et celles qu'il avait lui aussi partagées jusque-là, jusqu'au moment où il s'est laissé aller à trouver bon un vin de Gascogne ; un vin qui n'avait jamais figuré sur la table royale et sur celle des grands

---

(1) *Souvenirs de la marquise de Créquy*, t. 3. p. 29.

Seigneurs. Enfin le roi, ébranlé par ce demi-aveu, a le dessein de goûter le breuvage ; on lui sert du Médoc, du crû de *Lafite*, de celui de *Gasq* sans doute, car enfin l'estomac a aussi sa reconnaissance, et Richelieu ne pouvait oublier son ami à cet instant suprême. O prodige ! S. M. le trouve bon, elle le loue, elle le met à la mode (1).

Mais voici encore une sorte de variante de ce fait véritablement mémorable pour Bordeaux et pour sa prospérité : c'est une autre cause, une cause moins distinguée sans doute, puisqu'il ne s'agit plus du roi, donnée à des circonstances absolument semblables. « Le maréchal de Lœwendahl, attaqué de la gravelle, dut, par ordre de la faculté, sous peine de la vie, se priver de l'usage du vin qu'il aimait beaucoup : un vieux médecin de Paris, appelé au près du vainqueur de Bergopzoom, lui prescrivit, pour principal aliment, les soupes aux poireaux et, pour unique boisson, le vin de Bordeaux. Le maréchal de Richelieu, en ce moment gouverneur de la Guienne, envoya, comme présent, à M de Lowendahl son ami, un choix des meilleurs crûs du Médoc : ce régime, suivi avec constance, prolongea de quinze années la carrière de l'illustre guerrier. Ces particularités furent bientôt

---

(1) Il est d'autant plus probable que c'est du vin de la propriété de M. de Gasq que l'on servit au roi, que c'était celui-là principalement que connaissait le Maréchal, dont il avait dû parler, et que la tradition consacre en quelque sorte ce fait, ainsi qu'il résulte des mots suivants déjà cités. « Au reste, ce vignoble « *(Palmer)* est aujourd'hui parfaitement agencé ; il possède le do-« maine de Gasq *dont les vins étaient anciennement appréciés à* « *la Cour de France*. « *(Le Producteur*, 1838, p. 199.)

Comme en fait de Médoc. *Lafite* a été le crû le plus connu, l'éditeur des Mémoires de la marquise de Créquy aura employé ce dernier nom pour le premier. C'est encore là le résultat de l'ignorance dans laquelle on était à Paris des produits de nos contrées, ignorance qui est bien loin d'être entièrement dissipée.

connues et mirent en honneur le vin de Bordeaux à la cour de Louis XV (1). »

Au reste, si ces détails n'étaient pas, dans toutes leurs parties, l'expression de la vérité, on ne saurait contester cependant qu'ils sont parfaitement exacts sur l'époque qu'ils assignent au début de la réputation du vin de Bordeaux, à Paris et dans le reste de la France. Et, cette époque elle-même, comme nous l'avons déjà fait remarquer, coïncide parfaitement avec le moment où le Médoc a commencé à donner les qualités de vins qui l'ont si rapidement, sous ce rapport, placé au premier rang des contrées vinicoles de la France (2).

Nous devons dire encore un mot des vins blancs du Bordelais, à la réputation desquels Richelieu a peut-être aussi travaillé; car il en parla à Louis XV comme on l'a vu ci-dessus; ils les connaissait parfaitement, et d'ailleurs tout prouve que cette réputation est beaucoup plus récente encore que celle des vins rouges.

L'ami du maréchal, M. de Gasq, n'avait pu manquer de lui faire boire et de lui vanter ces sortes de vins, car il était également grand propriétaire dans la contrée qui fournit les plus distingués. « Il est certain que par contrat du 17 Septembre 1587, Jean de Montferrant, vendit au sieur Guillaume de Gasq, trésorier de France, les trois-quarts de la seigneurie et baronnie de Portets, Castres et Arbanats. Depuis cette époque la maison de Gasq en a joui jusqu'à nos jours (3) ».

---

(1) M. Mazas: *La Guienne, le Languedoc et la Provence.*

(2) Un fait digne d'attention, c'est que la réputation des vins de Champagne est aussi attribuée à l'intervention de grands seigneurs, de hauts dignitaires. « On croit que ce vin doit sa première réputation à MM. Colbert et Letellier ministres d'état, qui possédaient de grands vignobles dans la province. »

(3) *Variétés Bordelaises*, T. V, p. 126. C'est la même propriété qui est aujourd'hui entre les mains de M. Séguineau de Lognac.

On sait en outre que le maréchal allait souvent à Cérons, dans la propriété de M. Denis Daulède, l'un des hauts dignitaires du parlement de Bordeaux. « Pendant que le duc de Richelieu gouverna la Guienne, le château de la famille Denis devint le séjour de prédilection de ce grand seigneur; il aimait beaucoup la société de la spirituelle Mme de Baret, qui y résidait, et près de laquelle il venait se reposer des préoccupations et des soins de son gouvernement (1). »

Les vins blancs de la vallée du Ciron en général, Barsac, Preignac, Sauternes, etc., ceux en particulier du fameux crû d'*Yquem* si supérieurs, si remarquables quand ils proviennent d'une bonne année, comme 1837 par exemple (2), n'ont pas cependant une réputation bien ancienne. Tous ces vins, dès longtemps recherchés par

---

(1) *Le Producteur*, 1840, p. 216. L'abbé Baurein mentionne ainsi l'habitation dont il s'agit. « M. Baret y possède (à Cérons une « très belle maison de campagne, construite dans le goût mo- « derne. « *(Variétés Bordelaises:* T. V, p. 267*)*

(2) Nous avons eu plusieurs fois l'avantage de visiter le château d'*Yquem*, propriété, comme on sait, de M. Le marquis de Lur-Saluces. Dans ce manoir, d'ailleurs remarquable par sa belle situation, par le pittoresque de sa construction, par ses ombrages, tout respire les bonnes traditions d'hospitalité et de politesse religieusement conservées dans la famille du noble possesseur.

Les *chais* où reposent des trésors, des vins de 20,000 francs le tonneau et au-delà, sont quelquefois visités par des hauts dignitaires russes, prussiens, etc... qui vont en personne y faire leurs choix. Parmi les années dignes du nom d'*Yquem*, et on sait que dans les grands crûs ces années sont malheureusement rares, nous y avons goûté des 1851, des 1837 surtout, et jusqu'à des vins de 1753 et de 1779.

On sait aussi que pour la fabrication de ces vins, le raisin est cueilli entièrement pourri; que la vendange reste sur la vigne jusqu'au mois de novembre, et qu'on l'enlève successivement grappe par grappe, souvent grain par grain, toujours sous l'influence du soleil bienfaisant qui l'a mûrie.

les étrangers, étaient primitivement confondus sous le nom de *vins de Langon*, ainsi que le fait encore remarquer l'auteur des *Variétés bordelaises* (1), surtout à propos de la paroisse de Sauternes : « On recueille maintenant dans Sauternes de très-bons vins blancs, qui sont connus dans l'étranger sous la dénomination générale de *vins de Langon*, quoique Sauternes ne soit compris ni dans le territoire de cette ville, ni dans le district de sa juridiction (2). » On aura du reste une idée de l'importance de tous ces vins au XIVe siècle, par la somme que produisit, de la Saint-Luc 1311 à la Saint-Luc 1312, le faible droit de *trois oboles et la moitié d'une pite* par tonneau. Cette somme s'éleva à 282 livres 12 sols et 2 deniers bordelois, ce qui supposait l'embarquement dans le port de Langon, de 41,739 tonneaux.

Les vins blancs des *Graves de Bordeaux* ont aussi été appréciés tard. Ceux du premier crû de cette localité, de *Château Carbonnieux*, commune de Villenave, doivent leur réputation, si grande et si légitime, aux Bénédictins de Sainte-Croix de Bordeaux, qui devinrent propriétaires de ce beau domaine en 1740. Or, dans une pièce rédigée alors pour prouver à la communauté les avantages de cette acquisition, il n'est encore fait mention que des vins rouges. Cependant les blancs durent bientôt se révéler et acquérir la réputation qu'ils eurent, notamment à Constantinople, où on les expédiait sous le nom d'*Eau minérale de Carbonnieux*. De cette manière, les Musulmans qui les appréciaient beaucoup, pouvaient les consommer sans enfreindre le passage du Coran portant défense de boire du vin (3).

---

(1) Tome 6, p. 5.
(2) Tome 6. p. 38.
(3) Il faut remarquer cependant qu'en fait de vins blancs, ce

Le tort d'être venu tard dans le monde élégant a été, pour le vin de Bordeaux, la cause d'un autre tort tout aussi regrettable : la poésie l'a peu chanté. Elle l'a peu chanté parce qu'elle l'a peu connu ; parce que surtout elle ne l'a pas connu au temps où son attention était moins distraite qu'aujourd'hui par de graves et solennels sujets; au temps où elle avait encore le loisir de chanter la joie, le plaisir et le vin.

Le Bourgogne et le Champagne ont reçu, de la part des muses poétiques, des louanges sans nombre. Il n'est pas de langage admis par elles qui n'ait servi à ces louanges ; pas de formes adoptées par ce langage qui ne s'y soient prêtées : depuis le grave poème jusqu'à l'humble chanson, jusqu'à la futile épigramme.

Une autre remarque à faire au sujet du vin de Bordeaux, c'est que, même dans son propre pays, il a rencontré peu d'apologistes. Un de nos compatriotes, un homme chez qui, sans doute, le goût et l'élégance ne répondaient pas toujours complètement à l'érudition et au zèle investigateur, mais qui a eu le mérite incontestable de continuer parmi nous les travaux des Vinet, des Baurein, etc..., disait en 1810 : « On trouve, à Bordeaux, les hommes qui se connaissent le mieux en vin. Lorsqu'on le recueille, ils se plaisent à la campagne ; cependant aucun d'eux n'a chanté la vendange et ses plaisirs.

---

sont encore les *Graves de Bordeaux*, qui ont produit ceux dont la réputation est la plus ancienne.

« Les meilleurs vins blancs de la Guienne sont ceux qu'on re-
« cueille dans les fonds graveleux, plantés de *Muscadet, Blanc-*
« *berdet, Sémélion, Prunelat, Blanquette sucrée*, d'un peu de
« *Sauvignon*. C'est proprement le *vin de Grave blanc de Bor-*
« *deaux* ». (DE SECONDAT : *Des Vins de la Guienne*, 1785).

Il y a là de quoi faire un poème descriptif qui en vaudrait bien un autre. Il appartient au génie bordelais de s'emparer d'un sujet qui est de sa compétence et de lancer, du haut de nos coteaux, tant de vers en l'honneur des vignobles, qu'ils feront hausser le prix de leurs produits. En effet :

« Prêcher sur la vendange est servir sa patrie (1) ».

Ce regret est fondé, il est digne d'un bordelais, et, tout en le partageant, nous sommes heureux d'ajouter aussi qu'en ce moment, et depuis 1849, il a heureusement beaucoup perdu de son opportunité (2).

Toutefois, il est encore à ce sujet une remarque qu'il importe de faire ; une remarque dès-longtemps mentionnée par l'un des grands philosophes du siècle dernier, par J.-J. Rousseau. Consulté par Roucher, l'auteur du *Poème des Mois*, relativement au passage de ce dernier, sur les vendanges et leurs joies, J.-J. Rousseau répondit : « Remarquez que les peuples dont les vins sont estimés, ne connaissent pas ces plaisirs vifs et bruyants qui doivent accompagner une heureuse vendange. Il n'y a, dans ce pays, que des riches propriétaires, et la richesse est toujours triste, parce qu'elle est intéressée et que l'intérêt est l'ennemi de la joie. Ces hommes d'or affligent de leur présence assidue, ceux qu'ils tiennent à leurs gages. Le rire qui veut la liberté, n'ose se déployer sous des yeux que la cupidité rend sévères. Voulez-vous voir un tableau réjouissant? Transportez-vous dans les vignobles dont le produit peu recherché des gourmets, est consommé sur les lieux mêmes. C'est là que le travail est

---

(1) Bernadeau : *Tableau de Bordeaux*, p. 123.

(2) Tout le monde connait effectivement la gracieuse composition de M. P. Biarnez : *Les grands vins de Bordeaux*, poème.

mêlé d'une folle joie. Chaque paysan est propriétaire, il boira sa vendange, et l'on travaille gaîment, toutes les fois qu'on travaille pour soi (1) ».

Ce jugement est un peu sévère, sans doute, et, à l'égard de plusieurs des détenteurs de nos grands vignobles, on pourrait peut-être dire qu'il est injuste; cependant, au fond, il est vrai. Qui ne sait d'ailleurs que ces grands vignobles, pour la plupart, appartiennent à des propriétaires étrangers au pays, plusieurs mêmes étrangers à la France et qu'on ne voit presque jamais. Qui ne sait que, par rapport à leur exploitation, ces vignobles constituent plutôt une entreprise industrielle qu'une entreprise agricole proprement dite, et qu'ainsi ils deviennent, pour leurs détenteurs, le sujet de calculs et de préoccupations, plus ordinairement le partage de l'industriel et de l'homme de bourse, que du cultivateur et de l'homme des champs.

Cependant, c'est encore un bien beau temps que celui des vendanges dans le Médoc, et la joie, la poésie ne pourront jamais faire entièrement défaut dans un pays si bien disposé pour la première, si riche, si fécond pour la seconde.

Quand arrivent ces journées d'automne encore chaudes, mais tempérées par des nuits longues et fraîches et par des brouillards du matin, les *brouillards des vendanges*; quand la sève a cessé de circuler dans la vigne, que le bois a pris une teinte foncée, qu'il est *mort*, que les feuilles sont jaunes et rares; quand enfin les raisins, favorisés par une bonne année, montrent de toutes parts leur nombre, leur forme, leur couleur; alors des troupes nombreuses et disciplinées pénètrent dans la vigne pour vendanger. Ce n'est plus, il est vrai, comme aux temps antiques et en s'accompagnant des chants que rappellent

---

(1) Notes du *Poème des Mois* : Octobre.

les livres saints (1), ou que nous a transmis la poésie grecque (2); mais c'est aux accords du violon qui fait danser le soir les vendangeurs, et dont la présence, au moins autrefois, était indispensable dans chaque troupe. Cette troupe, dont le nombre est en raison de l'importance du domaine, et dont le personnel a été recruté sur tous les points du vaste bassin de la Garonne, se fractionne en plusieurs divisions comme cela a lieu dans un régiment, ayant chacune à leur tête un *commandant*, armé de la longue perche avec laquelle il dirige, il rallie ses travailleurs et leur désigne, au besoin, les raisins qu'ils avaient oubliés. Si le temps est beau, si l'année est heureuse, si le vin que l'on fait promet d'être abondant et généreux, on comprend la joie, l'animation qui règnent dans un pays dont la population est tout-à-coup doublée, et au milieu des travaux également capables d'inspirer les idées les plus gaies, les sentiments les plus affectueux.

Quelques hommes, quelques propriétaires plus accessibles que leurs voisins aux influences poétiques de la vigne et du vin, ont aussi prouvé, par leurs actes, que, chez eux, tout n'était pas exclusivement calcul de la dépense et du revenu.

Qu'on nous permette de rappeler ici cette lutte grave et solennelle de deux grands crûs du Médoc: l'un, *Lafite*, en possession de la réputation la plus ancienne et la plus légitime: l'autre, *Mouton*, son voisin et son digne émule. Il y a plus d'un demi-siècle que le possesseur de *Mouton*, M. Branne père, voulant marquer les limites de son héritage, autrement que par un sentier étroit et tortueux, fit édifier des bornes avec une inscription, légitime sans

---

(1) Juges: Ch. IX, v. 27. — Isaïe: Ch. XVI, v. 10. — Jérémie: Ch. 48, v. 33.

(2) Anacréon avait composé les *chansons du pressoir*.

doute, mais un peu provocatrice, on en conviendra, pour son illustre voisin. Non content d'incruster le nom du domaine dans le calcaire, il ajouta ces mots : *Hic est bonum !*

Piqué dans sa dignité, *Lafite* répondit d'abord à cette provocation par une autre inscription : *Hic est optimus et nec plus ultrà !* Mais revenu à des sentiments plus magnanimes, plus dignes de sa haute position, aujourd'hui, la borne de *Lafite*, opposée à celle de *Mouton*, se contente de montrer le château qui constitue les armes ou la marque du domaine, avec l'initiale de son nom répétée deux fois.

Nous pourrions mentionner aussi les efforts tentés par un propriétaire, mort récemment mais dont le souvenir restera dans le Médoc, le créateur de *Cos*, M. Destournel, pour introduire, comme il nous le disait un jour, la poésie dans un pays où tout l'inspire, où tout la commande.

Les voyageurs qui vont de Bordeaux à Lesparre par Pauillac, connaissent ces pittoresques et gracieuses constructions, devant lesquelles on passe dès que l'on a franchi le marais de *Lafite*. Et, si le temps le leur a permis, ils ont pu lire sur l'arc-de-triomphe qui en occupe le centre, ces deux inscriptions : non plus pour proclamer des supériorités individuelles, mais pour louer tout un pays, pour rapporter cette louange à l'Auteur de tous les biens de la terre.

A gauche :

Siste gradum egregias vites in colle, viator,
Et monumenta oculis aspice digna tuis (1) !

---

(1) Arrête-toi, voyageur, et considère, sur ces collines, ces vignes excellentes, monuments dignes de fixer tes yeux !

A droite :

Quam sit dulce merum liba quam spiret odorem
Atque Deum qui bona tanta facit (1) !

Mais ne nous laissons pas égarer dans de tels détails, et, revenant au silence reproché aux muses à l'égard du vin de Bordeaux, faisons observer qu'il n'est pas vrai, cependant, que ce silence ait été complet, qu'il n'est pas vrai non plus que celles de ces muses, issues de la localité, soient demeurées tout-à-fait indifférentes, au charme du vin du crû. Loin de là, elles ont plus d'une fois, au contraire, cherché à exprimer leur admiration pour un aussi beau produit, leur reconnaisssance envers la nature pour une faveur aussi éclatante faite à notre pays. Et, si leur langage ne s'est pas toujours élevé aussi haut que l'aurait comporté le sujet ; s'il n'a pas constamment répondu à celui d'Ausone, le premier apologiste des vins de Bordeaux ; enfin, s'il n'a pas eu plus d'éclat et de retentissement, certes, ce n'est ni à leur bonne volonté, ni à la richesse et à la fécondité du sujet qu'il faut s'en prendre.

Pierre de Brach, au XVIe siècle, adoptant la forme de reproche dont s'était servi Ausone, en traitant le même sujet, s'écriait, dans son *Hymne de Bordeaux* :

> « Il eut encore fallu, qu'estant espoint au cœur,
> » De ce grand dieu qui fut sur les Indes vainqueur,
> » Qui, sentant de Junon la jalouse colère,
> » Pour mère eut quelques temps la cuisse de son père,
> « J'eusse emplumé le los de l'œsle de ma vois,
> » Il eut fallu chanter le terroir Bourdelois :
> » Où je crois que Jupin en sa cuisse tranchée
> « Éprouva les douleurs que sent une accouchée :

---

(1) Combien ce vin est doux, quelle odeur il exhale ! Combien il adresse de louanges au Dieu qui répand de si grands bienfaits!

> » Aussi Thèbes et Nise ont incertainement
> » Débatu pour le lieu de son enfantement,
> » Où s'il n'a parmi nous jadis prins sa naissance,
> » Il dompta sous les lois de son obéissance,
> » Notre pays de Graves, et lui-même soigneux
> » De sa mein y planta tous ces grands champs vineux,
> » Dont les raisins pressés portent telle ambroisie,
> » Que soit vin sec, vin grec, ou d'Andalousie,
> » Angevin, Falernais, ou soit Malvoisien,
> » En piquante douceur ne s'approchent du sien (1) ».

Un autre poète, qui jouit dans son temps d'une grande réputation et qui appartenait aussi à la Guienne, Théophile Viaud, a consacré également quelques vers au vin du crû, à celui de Clairac, d'où il était originaire. S'adressant à son frère et l'entretenant des souvenirs de son pays et du projet d'y revenir, il disait :

> « Et comme ce climat divin
> » Nous est très-libéral en vin,
> » Après avoir rempli la grange,
> » Je verrai du matin au soir
> » Comment les flots de la vendange
> » Écumeront dans le pressoir. »

Vers le milieu du siècle dernier, un membre de l'enseignement libre de Bordeaux, P. Sacau, avait publié quelques vers d'un mérite assez mince, il est vrai, mais dans lesquels il s'efforçait cependant de recommander le produit capital de son pays, la source la plus féconde de sa richesse. Dans une pièce intitulée : *Vendanges de Bor-*

---

(1) « P. de Brach, né à Montussan en 1548, mort en 1604. Ses » poésies, d'une versification souvent élégante et harmonieuse, ont » été imprimées en 1576, chez Simon Millanges. » (*Commission des Monuments Historiques*).

deaux, on trouvait des passages comme ceux-ci, par exemple :

> » Puissant Bacchus, sous ton empire,
> » Bordeaux jouit d'un sort divin ;
> » Chacun près de toi ne respire
> » Que l'amour, les ris et le vin.
> » . . . .
>
> » Cité, ressource de la France,
> » Que ton bonheur fait des rivaux !
> » Tu reçois un tribut immense
> » Et de tes champs, et de tes eaux.
> » . . . . »

Mais, si tout cela manque de mérite, au point de vue de la poésie, peut-être pourrait-on admettre que les vins de Bordeaux avaient été loués d'une manière plus digne, par des auteurs qui avaient pensé qu'il suffisait de signaler leurs principaux mérite pour les désigner.

Dans l'ouvrage publié à Venise, en 1629, par Prosper Rendella, sous le titre : *De Vinea, Vindemia et Vino*, on trouve des vers latins que François de Neuchâteau a traduits, pensant qu'ils avaient pour but la description des vins français et sans trop d'ambition aussi des vins de Bordeaux. Ce qu'il y a de positif, du reste, c'est que les louanges données à ces vins conviennent parfaitement aux nôtres et qu'elles portent souvent sur des propriétés qui leur sont tout-à-fait particulières :

> Si l'on me demandait le vin que je préfère.
> Je répondrais en peu de mots :
> Le nectar du dieu de Naxos
> Doit être un composé *d'amour et de lumière.*
> Je veux que le raisin dont il fut exprimé
> Ait reçu du *Midi* l'influence puissante,
> Et que dans sa grappe naissante,
> *Un rayon de soleil ait été renfermé.*

Je veux que ce vin pur pétille dans mon verre ;
Que *sa couleur brille à mes yeux*,
Que sa pointe, quoiqu'il soit vieux,
Ne laisse sur la langue une empreinte légère.
Je ne veux pas, qu'en le goûtant,
On trouve à sa liqueur une amertume ingrate ;
Je veux que sa *fraîcheur* me réveille et me flatte,
Et me tienne l'esprit content :
Je ne veux pas, surtout, que sa sève enflammée,
Dans mon faible cerveau porte l'embrasement ;
Je veux que sa vapeur doucement allumée,
Et de la tête aux pieds coulant rapidement,
N'excite en moi qu'un enjoûment
Plus marqué qu'à l'accoutumée.
Si l'on vous donne un vin pareil,
Mes amis, suivez mon conseil :
Du pauvre Achéloüs, laissez le froid breuvage ;
Car ce n'est qu'à défaut d'un vin pur et vermeil
Qu'on en peut tolérer l'usage.

Au reste, quel que soit le mérite de ces vers, et quelle qu'ait été l'idée de leur auteur, lorsqu'il les écrivit, en voici d'autres dont la valeur a été dès longtemps proclamée et qui ont, en outre, le mérite d'assigner aux vins de Bordeaux le rang et la place que leur ont définitivement conquis, sur toutes les tables distinguées, leur valeur incontestable et leurs charmes non moins reconnus.

Le spirituel auteur de la *Gastronomie*, place effectivement les vins de Bordeaux à la tête des vins de dessert, lorsqu'il dit :

« Vos convives, déjà, dans un triste embarras,
» Vous adressent leurs vœux et vous tendent les bras.
» Venez à leur secours : offrez-leur à la ronde,
» La liqueur qui nous vient des bords de la Gironde ».

Si le progrès de la vie civilisée ; si les calculs et les appréciations rigoureuses qu'ils font dominer dans les transactions des hommes, sont généralement peu favorables aux arts de l'esprit et de l'imagination; s'ils tendent à dépouiller de plus en plus ces derniers de l'influence qu'ils exercèrent longtemps sur les choses, même les plus sérieuses et les moins poétiques, d'un autre côté, il est arrivé souvent à la science moderne de préciser, dans certains objets en réputation, des qualités, des propriétés qu'on n'avait pas soupçonnées et d'assigner ainsi une cause positive à ce qui semblait n'avoir été d'abord que la conséquence du hasard et de l'habitude.

Pour les vins de Bordeaux, un fait de ce genre s'est rencontré, et nous devons le signaler en finissant, comme mettant le sceau à une réputation d'abord brillante, plus tard obscurcie, détruite même, et cependant toujours digne, toujours foncièrement digne de la faveur que lui ont rendue les XVIIIe et XIXe siècles; les siècles positifs comme on se plaît à le dire, pour marquer leur éloignement de tout ce qui n'est pas fondé, de tout ce qui n'a pas de raison d'être.

Nous avons ci-dessus rappelé les heureux effets des vins de Bordeaux sur des sujets épuisés, soit par l'âge, les fatigues, la maladie, soit par ces trois causes à la fois; nous avons notamment rappelé ce que l'on constata d'heureux sous ce rapport, chez Louis XV, chez le maréchal de Lœwendahl, et sans doute aussi chez le maréchal de Richelieu, en rattachant à ces circonstances la reprise de la faveur de nos vins.

La médecine, toujours empressée, il faut lui rendre cette justice, à profiter de ces sortes d'enseignements, ne manqua pas d'user d'un remède tout à la fois si puissant, si facile et si agréable. *Buvez du vin de Bordeaux!* Tel était depuis longtemps le conseil que donnaient les médecins, à Paris et dans le nord de la France, à leurs malades devenus convalescents.

Or, la cause, pour l'humanité, d'un résultat aussi précieux et, pour nos vins, d'un motif aussi puissant de renom, on l'avait ignorée jusqu'à ces derniers temps; jusqu'au moment où notre savant et très-honoré collègue à l'Académie impériale des sciences de Bordeaux, M. Faüré, l'a révélée en ces termes : « La présence d'un sel de fer, dans les vins rouges de la Gironde, est un fait d'autant plus remarquable qu'on ne supposait pas qu'ils en continssent, et que l'analyse qui a été faite de vins de plusieurs autres départements, n'indique pas qu'on y ait trouvé ce métal. C'est sans doute à ce sel ferrugineux qu'est due la réputation que les vins de Bordeaux ont anciennement acquise en médecine, comme étant les plus propres à fortifier les enfants, ranimer les convalescents et soutenir les vieillards. On n'admettait pas généralement que cette propriété bienfaisante fût exclusive aux vins de la Gironde; on ne l'attribuait qu'à la quantité de tannin qu'ils contiennent, et on pouvait supposer que d'autres vins étaient aussi *tannifiés* qu'eux. Actuellement que l'analyse vient de révéler à la thérapeutique la cause de cette supériorité, on ne pourra plus la leur contester, et leur usage médical doit prendre une grande extension (1) ».

---

(1) *Analyse chimique et comparée des vins du département de la Gironde;* p. 40.

En rappelant ci-dessus dans une note (page 12), la qualification de *Vin Clémentin* employé par Rabelais, nous aurions dû citer une circonstance qui donnerait peut-être à ce vin une autre origine que celle généralement admise aujourd'hui.

Il faut savoir effectivement que, dans la commune d'Uzeste, canton de Villandraut, il y a quelques vignes. Il faut savoir encore que le vin de ces vignes a joui autrefois d'une certaine réputation, sous le nom de *Vin du Pape Clément*. Enfin, il faut encore se rappeler que c'est à Uzeste ou à Villandraut qu'était né le Pape

Aujourd'hui donc que le vin de Bordeaux est rentré en possession de la réputation qu'il mérite, aujourd'hui que les motifs de cette réputation sont connus et appréciés, aujourd'hui que la science en a fait la démonstration rigoureuse et prouvé, une fois de plus, les raisons qui se cachaient sous ce qu'on avait qualifié de prétentions exagérées, d'engouement et pour nous, en particulier, d'une autre épithète encore qui n'est plus à ce point de vue exclusivement notre partage; ce qui nous intéresse le plus, c'est de maintenir cette réputation ; c'est de la développer et de la propager de plus en plus. Or, pour cela, le meilleur, le plus sûr, le plus facile de tous les moyens, c'est de livrer nos produits aux consommateurs que nous offre l'univers entier, avec toutes les conditions de pureté et de sincérité également commandées par l'intérêt de l'agriculture, par la dignité du commerce, par les préceptes rigoureux de la justice et de l'équité.

Clément V et que, dans tous les cas, c'est dans l'église de cette première localité que se voit encore son tombeau.

Serait-ce le vin d'Uzeste, le *Vin du Pape Clément*, qui aurait été qualifié de *Vin Clémentin* ? Toujours est-il que dans ce dernier cas encore, ce serait un vin, sinon du Bordelais proprement dit, au moins de la contrée agricole et commerciale dont Bordeaux est le centre.

PROGRAMME.

Un avis de M. le Préfet de la Gironde, en date du 19 Octobre, fait connaître la reprise des leçons du Cours d'Agriculture, pour l'exercice 1858-59.

Ces leçons auront lieu, à compter du Mardi 9 Novembre :

Pour les démonstrations orales, tous les Mardis, à 7 heures du soir ;

Pour les démonstrations pratiques, tous les Jeudis, à 3 heures.

Elles se feront, comme d'habitude, dans l'amphithéâtre spécial du Musée de la ville, rue Saint-Dominique, au fond de la cour.

OBJETS DES DÉMONSTRATIONS.

Dans les leçons du soir, on traitera de la *Culture de la vigne*, des principes de physiologie végétale et autres, réglant cette importante culture. C'est à ce point de vue et avec toutes les applications locales qu'ils peuvent comporter, que seront successivement examinés les sujets relatifs à la formation du vignoble, au choix du terrain, à sa préparation, au choix du plant, à sa mise en terre, etc…, etc…

Dans les leçons du jour, on exposera l'analyse des terres, des marnes, des engrais. On continuera l'appréciation de la valeur et des propriétés des principales denrées fournies par la culture ; la constation et l'appréciation des altérations ou falsifications qu'elles peuvent avoir subies : principalement la farine, le vin, le lait.

EXCURSIONS.

Des excursions, rendues faciles par l'établissement des chemins de fer, auront lieu de temps en temps, afin de confirmer dans les champs la vérité des principes d'agriculture exposés.

CERTIFICATS D'ÉTUDES AGRICOLES.

Ces certificats, délivrés à la fin de l'exercice, sur la demande des auditeurs, seront pour eux une sorte de diplôme constatant les études agricoles qu'ils auront faites.

Ils portent la signature du Professeur et celle de M. le Préfet, représentant dans la Gironde, S. Ex. M. le Ministre de l'Agriculture, du Commerce et des Travaux publics.

DISTRIBUTIONS DE GRAINES.

Des graines utiles à la grande culture et susceptibles de l'améliorer, seront distribuées en temps opportuns, avec les instructions nécessaires pour leur emploi.

PUBLICATIONS AGRICOLES.

L'AGRICULTURE, comme source de richesse, comme garantie du repos social, est une publication mensuelle qui se poursuit, sous la direction du Professeur d'agriculture du département de la Gironde, depuis 18 ans. Pour souscrire à ce Recueil, il faut s'adresser aux libraries Th. LAFARGUE et Ch. CHAUMAS à Bordeaux, ou au Professeur lui-même, directement ou par écrit : 12 fr. par an.

INSECTES ET MOLLUSQUES NUISIBLES A LA VIGNE dans le département de la Gironde. Aux mêmes libraires, 2 fr. avec planches.

INSTRUCTION POUR LA CULTURE DU TABAC dans le département de la Gironde. Aux mêmes libraires, 1 fr. 50 c.

ÉTUDES SUR LE PRUNIER et la préparation de son fruit, avec figures. Aux mêmes libraires, 2 fr.

BORDEAUX. — IMPRIMERIE DE TH. LAFARGUE, LIBRAIRE, Rue Puits de Bagne-Cap. 8.

www.ingramcontent.com/pod-product-compliance
Lightning Source LLC
LaVergne TN
LVHW021702080426
835510LV00011B/1527